DE LA RÉGÉNÉRATION DES HARAS;

OU

MÉMOIRE

Contenant le développement du vice radical du régime actuel, & un plan pour propager & perfectionner la race des chevaux en France.

PAR M. LE CHEV. DE LA FONT-POULOTI, Membre du Musée de Paris & de plusieurs Académies.

Omnia quæ à nobis geruntur non ad nostram utilitatem & commodum, sed ad patricæ salutem conferre debemus.

CICERON.

Les voluptés du patriote sont de faire le bien, de le méditer, de le vouloir constamment, de le provoquer fortemen de la part des autres, lorsqu'il n'a pas le crédit ou les moyens de l'opérer lui-même. *ELIE DE BEAUMONT.*

A PARIS,

Chez la veuve VALLAT-LA-CHAPELLE, Libraire, grande Salle du Palais.

ET A VERSAILLES,

Chez VIALARD, Libraire, rue Satory.

1789.

AUX ÉTATS-GÉNÉRAUX.

Le dépérissement de nos haras, l'inefficacité des moyens employés pour les relever, me fit publier, en 1787, un Ouvrage sous le titre de *Nouveau régime pour les haras, avec la notice de tous les Ouvrages écrits ou traduits en françois, relatifs à cet objet* (1). L'accueil distingué qu'il reçut des Académies, des Sociétés littéraires & de celles d'agriculture, l'éloge que les Journaux nationaux & étrangers en firent, le jugement favorable qu'en porta M. *Bertin*, Ministre & Secrétaire d'État, qui a été long-temps à la tête des haras, qui les a renouvellé, pour ainsi dire, qui connoissoit tous les vices du système actuel, & qui les eut réformé, s'il eût conservé plus long-temps ce département; le désir que quelques Intendants de province, réellement instruits dans cette

(1) Vol. in-8°., avec fig. Il se trouve chez les mêmes Libraires.

partie, & celui que plusieurs chefs & membres des administrations provinciales eurent de voir introduire les moyens que j'ai proposé; tout concourut à ranimer mon zèle & à m'engager d'offrir aux Etats-Généraux, avec le désintéressement d'un citoyen qu'anime le bien de sa patrie, un extrait de mon ouvrage, *contenant le développement du vice radical du régime actuel, & un nouveau plan pour propager & perfectionner les races de chevaux*. S'ils daignent l'accueillir, je gouterai la douce satisfaction d'avoir été utile à mon pays; c'est la plus belle récompense que je puisse obtenir, & la seule que je désire.

DE LA RÉGÉNÉRATION DES HARAS.

INTRODUCTION.

LE cheval qui par sa beauté, sa force & son courage est le compagnon & l'ami de l'homme, est encore un des premiers agens de l'agriculture & du commerce. Objet d'utilité & d'agrément à la fois; il est une des premières richesses territoriales dans le païs où son éducation est soignée. La France, qui en consomme plus à elle seule que tout le reste de l'Europe, en manque depuis très-long-temps. Il eſt généralement connu que dans les guerres de 1688 & de 1700, l'on fit pour plus de cent millions d'achats de chevaux étrangers pour les remontes ſeulement ; & que, ſur la fin des guerres de Flandre, l'on vit des Provinces où les Cultivateurs, dans quelques endroits, furent obligés, par la rareté de l'argent & des chevaux, de s'atteler à la charue. Les ſommes qui ſortent annuellement du Royaume pour tirer du Danemarck, de la Hollande, du Holſtein & d'autres parties de l'Allemagne, des chevaux de carroſſe & de cavalerie ſont énormes. Celles employées à l'achat des chevaux anglois a été, en 1786, à dix millions ; à près de onze millions en 1787, & à pareille ſomme en 1788, pour les chevaux de chaſſe & de ſelle, ſeulement.

Si les qualités productives des chevaux fins & légers, de ceux propres à la cavalerie & au tirage, ne pouvoient ſe trouver que hors la France, il ne nous reſteroit qu'à gémir ſur l'ingratitude de notre climat; mais ſi la nature n'a rien accordé à cet égard à nos voiſins, qu'elle ne nous ait donné à nous-même avec profuſion ; ſi nous pouvons aſpirer à avoir d'auſſi beaux chevaux, ſi nous pouvon, même aller plus loin qu'eux dans cette carrière ; pourquoi tarder d'entrer en lice ? pourquoi, au lieu d'acheter des chevaux chez l'étranger, ne tenterions-nous pas, non ſeulement de nous en paſſer, mais même encore de lui en vendre à notre tour ?

Il eſt certain & généralement reconnu que le climat & les nourritures ſont, pour les animaux, la cauſe fondamentale, phyſique & univerſelle de leur forme & de leur naturel, avec cette diſtinction eſſentielle que le climat influe ſur le caractère, & les nourritures ſur la taille. Or celui de la France étant plus tempéré, moins humide & moins rempli de brouillards que celui du Danemarck, de la Hollande, de l'Angleterre, &c. les pâturages y étant auſſi ſains & auſſi abondans, il eſt beaucoup plus favorable à la production des chevaux fins, & à la propagation de l'eſpèce en général. Auſſi n'eſt-ce qu'en multipliant les ſoins, en forçant, pour ainſi dire, la nature à plier ſous le joug d'une activité conſtamment ſoutenue & toujours réfléchie, que les Anglois conſervent, dans toute leur perfections leurs chevaux iſſus d'une race étrangère.

Les plus beaux & les meilleurs chevaux du monde ſont, ſans contredit, les Arabes. Malgré la différence extrême du climat de l'Angleterre avec celui de l'Arabie; les Anglois formèrent le projet de tranſplanter chez eux la race des chevaux arabes. Il provint de l'union de cés chevaux avec des jumens choiſies de leur iſle, des productions de la plus grande beauté. Elles ſe ſont multipliées ſans dégénérer, par l'attention exacte que l'on a eu à ſuivre la race des pouliches, nées d'Arabes, & par les procédés qu'ils employent dans les accouplemens.

Nous pourrions mieux qu'eux approcher de la perfection en ce genre, & nous ceſſerions de répandre inutilement de l'or à pleines mains, ſi nous voulions donner une attention continuelle à cet objet, établir, comme eux, des courſes, & donner des prix; car la France eſt, de toute l'Europe, la région la plus propre à l'éducation des chevaux. Il eſt peu de Provinces, dans ce ſuperbe Empire, où l'on ne puiſſe établir avec ſuccès des Haras, dont les productions ne le céderoient en rien aux races ſi célèbres aujourd'hui, & peut-être en réſulteroit-il une nouvelle eſpèce, qui réuniroit en elle les qualités utiles & brillantes, éparſes dans les autres. Le climat & le terrein de nos Provinces méridionales approchent de ceux de l'Afrique & de l'Eſpagne. Les Romains avoient établi des Haras ſur les bords du Rhône, & faiſoient le plus grand cas de ces chevaux; ils s'en ſervoient dans les combats, & les eſtimoient autant que ceux de Numidie, ils réuniſſoient la force à la légèreté. On ſait que la Cavalerie de la Franche-Comté, appellée *Sequanoiſe*, dont l'hiſtoire fait tant d'éloges, étoit montée ſur des chevaux de cette Province, &c.

Sans remonter au tems où Jules-Céſar conquit

les Gaules, & où l'espèce de ces animaux y passoit pour le meilleure de toute l'Europe, on peut se rappeller que sous le ministère de Colbert, la Normandie, le Limousin, l'Auvergne où l'on avoit envoyé des Etalons qui étoient beaux, sans être de la première qualité, fournirent presque seuls & pendant long-temps, aux besoins du Royaume; qu'il en sortit même une très-grande quantité de chevaux pour l'étranger. Les Savoyards, de qui on en achetoit auparavant, en élevèrent moins, & furent obligés de venir en acheter dans le Royaume, de même que les Piémontois; ce qui arrivera encore non-seulement à ces deux nations; mais à plusieurs autres, lorsque nos Haras dans lesquels nous aurons introduit un nouveau régime, donneront des chevaux nationaux. Il n'y a qu'à se ressouvenir de l'essai qui fut fait, par ordre du Roi, en 1756, dans le canton appellé la *Camargue*, d'où il provint des chevaux aussi distingués par leur forme que par leur vélocité, & malgré l'état de langueur dans lequel la guerre qui survint, fit tomber cet établissement, qui depuis n'a point été surveillé & n'a fait que dépérir, la Camargue n'a cessé de donner de jolies productions par la seule nature de son climat & l'excellence de ses pâturages.

On pourroit donc tirer du sein du Royaume, des

chevaux pour tous les uſages, ſans recourir à l'étranger, qui nous les vend très-cher & ſouvent très-mauvais. Les ſommes exceſſives exportées pour l'achat de ces chevaux, demeurant dans le Royaume, ſe répandroient en une infinité de mains, entretiendroient l'agriculteur dans l'aiſance, & lui faciliteroit les charges de l'Etat, car l'abondance des beaux chevaux eſt une richeſſe nationale, territoriale & précieuſe, qui importe eſſentiellement à la culture des terres & aux forces de l'Etat.

Faire naître cette abondance, embellir & perfectionner les races, c'eſt rendre ſervice à la nation entière; c'eſt aſſurer un commerce qui entraîne une amélioration proportionnée dans l'agriculture. C'eſt nous ſouſtraire, à l'égard de nos voiſins, au tribut le plus onéreux & le plus conſidérable; c'eſt leur ôter les moyens d'avoir, à nos dépens, la meilleure cavalerie, & n'être plus ſoumis, non-ſeulement à acheter d'eux ce qu'ils veulent nous vendre aux prix qu'ils y mettent; mais encore à dépendre de leur politique & des circonſtances critiques de la guerre.

Puiſqu'il n'eſt que trop vrai que nos Haras ſont dans le dépériſſement, que tous les eſſais faits juſqu'à ce jour ont été infructueux, & que l'adminiſtration, au lieu de former un impôt très-lucratif au Roi, eſt diſpendieuſe pour lui, & ruineuſe pour l'État, il faut bien convenir que la cauſe en eſt dans le vice du ſyſtême, qui a exiſté dans cette partie ; & l'on peut regarder, comme une choſe certaine, qu'un régime mieux compaſſé confirmera, ſans exception, qu'il eſt poſſible d'avoir des chevaux françois, auſſi beaux, auſſi bons, & en auſſi grand nombre que dans les Etats de l'Europe qui fourniſſent à préſent les plus eſtimés. Il ne s'agit que de mettre en œuvre les moyens qui peuvent reſſuſciter ce commerce; éviter les inconvéniens qui rendent les dépenſes inutiles, & aſſurer le ſuccès qu'elles doivent produire; or le plan que je vais propoſer me paroît réunir tous ces avantages.

Mais avant d'entrer en matière; je crois devoir répondre à quelques perſonnes qui ont écrit, & à celles qui s'imaginent que le ſeul moyen de propager les chevaux en France, eſt de ſupprimer toute adminiſtration, tous réglemens, & de laiſſer les particuliers libres, comme cela ſe pratique en Angleterre & ſe pratiquoit anciennement en France. Mais cette idée eſt illuſoire, le génie des deux nations, leurs facultés phyſiques & morales ſont plus différentes encore que le climat & le ſol. La quantité prodigieuſe de chevaux de toute eſpèce, en Angleterre, tient à l'abondance & aux richeſſes immenses que le comble de l'industrie fait produire au pays de l'Europe qui a peut-être le moins d'avantages naturels.

Anciennement notre noblesse, infiniment plus nombreuse qu'elle ne l'est aujourd'hui, passoit les trois quarts de sa vie à cheval, & menoit à sa suite une prodigieuse quantité de Gentilshommes, ses vassaux ou ses amis, suivie de palefreniers & de valets montés sur des *roussins* & conduisant les relais, les *dextriers* de leurs maîtres. Tous ces chevaux étoient entiers. Un Gentilhomme se seroit cru deshonoré si on l'eût trouvé monté sur une jument. La noblesse s'attachoit donc alors à la propagation des chevaux. Mais aujourd'hui que les Seigneurs & les grands propriétaires ont abandonnés leurs terres pour venir habiter la Capitale ou la Cour; le goût des chevaux tient chez eux au luxe, à la vanité ou à la fantaisie, sans aucune attention à l'utilité que peut en retirer la patrie, & à l'animal en lui-même. Le simple gentilhomme, l'ecclésiastique, l'habitant de la campagne, ne voit dans le cheval qu'un animal utile à ses besoins ou à ses commodités, & nullement l'objet d'un commerce national & lucratif. L'Anglois au contraire, ne borne point son amour-propre à la beauté du cheval qui est dans son écurie, il s'attache à la beauté & à la bonté de celui qu'il a élevé, & dont la perfection eſt due à ſon intelligence & à ſes ſoins. Il eſt aiſé de ſentir quelle différence cette diverſité de principes doit produire ſur le mérite des chevaux. Les Lords & autres nobles Anglois, habitants leurs terres, & y faiſant des élèves, les bons exemples & les moyens d'amélioration ſont plus multipliés & plus près du Cultivateur en Angleterre qu'en France. Convenons donc que l'abolition générale des Ordonnances & Réglemens, & la ſuppreſſion des Officiers prépoſés pour les Haras, en rendant la liberté ne remédieroit pas au mal & ne produiroit pas le bien, & que, dans l'état actuel des choſes, un nouveau régime eſt néceſſaire.

Voici celui que je propoſe :

1°. Il faut avoir dans chaque province un certain nombre d'Etalons convenables & appropriés au climat, & aux cavales auxquelles on veut les accoupler, faire faire le ſervice *gratis* ; permettre à toutes perſonnes d'avoir des Haras & des Etalons, mettre la plus ſcrupuleuſe attention dans leur choix & dans celui des mères, & ne pas viſer, dans leur achat, à une économie toujours préjudiciable.

2°. Avoir des Inſpecteurs actifs, vigilans, inſtruits, ſur-tout, & qui ſeront nommés au concours & non par protection.

3°. Prohiber tout cheval entier ou âne mêlés & confondus indiſtinctement dans les pâturages communaux avec les cavales, & en éloigner les poulains à dix-huit mois.

4°. Etablir des prix, des gratifications pour ceux qui auront élevés les plus beaux poulains. — Les acheter pour le Roi ou pour en faire des Etalons. Créer des foires où ne feront vendus que les chevaux reconnus dignes d'y être admis.

5°. Il eſt de toute néceſſité, ſi l'on veut avoir des chevaux de *ſang*, c'eſt-à-dire de race pure du côté paternel & maternel, d'établir des Haras fixes en chaque province, dans un ſite convenable; & de marquer tous les chevaux qui en ſortiront.

6°. D'établir des courſes de chevaux & de chars à certaines époques de l'année.

7°. Mettre une taxe ſur tous les chevaux.

8°. Que les Etats-Généraux ou le Conſeil de la guerre & les adminiſtrations provinciales, aient ſeuls la direction des Haras.

Ces moyens ſeront diſcutés dans les Chapitres ſuivans, & les abus du régime actuel y ſeront également montrés.

CHAPITRE PREMIER.

PREMIERE SECTION.

Etalons, Cavales.

D'ABORD, il y a impossibilité physique qu'un Etalon qui sert indistinctement les jumens de toute taille & de toute espèce, qui lui sont annexées dans son arrondissement, leur soit appatroné. De vingt-cinq ou trente qu'il saillit, à peine y en a-t-il huit qui lui soient réellement bien assorties. Il ne peut donc donner que des productions décousues & de peu d'utilité. C'est ce dont on se plaint tous les jours. Souvent un nourricier au lieu d'aller à l'Etalon-Royal, se sert, pour épargner la rétribution du saut, ou par choix ou par goût, d'un poulain provenant de ses cavales ou de celles de son voisin. Comme c'est avant de le hongrer, c'est-à-dire avant sa troisième année, qu'on le fait étalonner, on étrangle son accroissement, on évapore ses forces, son courage; & n'ayant pas, à beaucoup près, tout son être, il ne peut donner que des productions manquées, foibles & chétives. Souvent comme ces poulains ont des qualités que le païsan prise on les excède, au lieu de vingt jumens on leur en donne quarante, cinquante;

il faut nécessairement qu'il les abuse ou qu'il périsse. Ce qui, dans tous les cas, est une perte réelle pour l'espèce & un obstacle à la propagation. Loin de reculer les consanguinités qui hâtent toujours la dépravation & l'abâtardissement, on y co-opère en faisant couvrir la jument par son pere, son fils ou son frere, &c. Dès-lors, nulle compensation, nulle possibilité, nulle espérance de réparer, de diminuer les vices de l'empreinte originaire.

Les Etalons sont mal tenus, mal soignés, mal nourris. Les Gardes-Etalons, qui ne le sont ordinairement que pour jouir des priviléges attachés à leur place, sans égard pour la conservation de leurs chevaux & au but de leurs placemens pour le service des cavales, en font saillir en pure perte, une quantité énorme, pour retirer un plus grand bénéfice en multipliant les rétributions. Les réglemens ne peuvent rien contre ce vice, parce qu'il tient à la cupidité. Il s'en trouve même qui, jaloux de leur Etalon, ou envieux contre quelque propriétaire, font, la veille du jour où la jument de ce particulier doit être étalonnée, couvrir une des leurs, pour que celle de la personne qu'ils jalousent, soit trompée. Les revues de l'Inspecteur étant annoncées d'avance, & à une époque toujours fixe, les Gardes-Etalons ont alors soin de préparer leurs chevaux, de les bourrer d'une nour-

riture

riture échauffante, pour qu'ils paroiffent brillans dans la revue, & leur donner les apparences trompeufes du feu & de la vigueur; mais, dès l'inftant que la revue eft finie, les foins difparoiffent, l'animal perd fon embonpoint factice, & rentre dans l'état de dépériffement d'où on l'avoit tiré momentanément. J'en ai vu qui étoient dénués de force, & par conféquent de défirs pour la monte, au point qu'il la refufoient, quoiqu'ils y fuffent excités par des breuvages & des alimens chauds, par des frictions aux nazeaux & au membre, faites avec les chaleurs de la jument, & avec d'autres ftimulans. Les gardes qui n'ont pas des Etalons au Roi ou à la province; mais qui doivent en avoir à eux, n'en font généralement pourvus qu'au moment de la revue, quelquefois n'en ont point du tout. Comme ils n'en achètent que pour jouir des exemptions, ils font prefque toujours d'une figure commune, dépourvus des qualités qu'ils devroient avoir, fur-tout trop jeunes, ou atteints d'une caducité prématurée. Souvent un Garde-Etalon a un *aide* qu'il choifit à fa guife & qu'il a foin de laiffer ignorer à l'adminiftration; le cheval reçu & l'aide, couvrent indiftinctement; de manière qu'une belle jument fe trouve quelquefois couverte par l'Aide-Etalon, & une jument difforme par le cheval reçu; le nombre des Etalons ne fuffifant pas, à moitié près, pour faillir les cavales qui ſe rencontrent dans leur diſtrict.

A tous ces vices ſe réuniſſent ceux de mauvaiſe nourriture ou d'excès de travail pour les élèves & ſur-tout pour les jumens. Le paiſan s'attachant plutôt à ſe dédommager de leur nourriture journalière qu'au bénéfice du poulain dont il ne jouira que dans trois ou quatre ans, néglige les ſoins convenables, le vend de bonne heure, ou l'aſſujettit à un travail pénible, dans un tems où le plus petit effort ne manque jamais de lui être funeſte : il dépérit & finit par devenir auſſi défectueux que les moindres du pays. L'Etalon, toujours ſédentaire dans le même canton, cède néceſſairement auſſi à l'influence combinée du travail & du climat; & ſervant dans le même département, pour l'ordinaire, pendant dix ans, & quelquefois au-delà; étant ſouvent plein de vices & de tares qui échappent à l'œil de l'Inſpecteur, faute des connoiſſances néceſſaires, ne peut d'une part que s'allier avec ſa poſtérité qui, en ſuppoſant même la perfection de la ſouche, ſe détériorera; d'une autre part, il perpétue les mêmes défauts : ainſi l'eſpèce eſt toujours viciée, retombe dans ſon premier état d'imperfection, & conſerve des défectuoſités qu'il faudroit éteindre.

Le ſeul moyen d'arrêter ces vices, c'eſt de rendre l'intérêt particulier dépendant de l'intérêt public; c'eſt de diſtribuer, dans différens cantons de chaque province, ainſi que cela eſt ſuivi avec ſuccès dans quelques-unes, des Etalons appartenans à la province, deſtinés à saillir gratuitement les jumens de l'arrondiſſement que l'inſpecteur aura paſſées en revues, & jugées propres à lui être appareillées, & à donner de bonnes productions, ſe montrant très-difficile ſur le choix des mères; car il eſt queſtion d'améliorer, d'agrandir l'eſpèce, & ſur-tout l'eſpèce femelle.

Ces Etalons ſeront réunis dans un même entrepôt & ſous la direction d'un Inſpecteur-Ecuyer, qui puiſſe veiller à leur conſervation, & être plus à portée de juger des accidens qui peuvent les mettre hors de ſervice, ils ſeront exercés & ſoignés comme ils doivent l'être; car il eſt hors de doute, qu'étant exercés & montés par un homme de l'art, hors du temps de la saillie, ils en ſeront plus dociles, plus amis de l'homme; leurs membres ſe conſerveront ſouples, leurs mouvemens en ſeront toujours lians; par conſéquent leurs productions en ſeront plus parfaites; le cheval communiquant à ſes échappés la diſpoſition à ſes qualités acquiſes avec ſes qualités naturelles.

Dans le temps de la monte ils ſeront diſtribués dans les chefs lieux des divers arrondiſſemens, ſous la conduite de leurs palefreniers accoutumés, où ils ne ſauteront que le nombre de jumens requis : ce qui conſervera leur vigueur & leur durée, & en rendra l'emploi efficace. Un autre avantage que produira cet arrangement, c'eſt que chaque année, ſans augmentation de dépenſes ni de ſoins, on fourniroit les arrondiſſemens d'Etalons nouveaux, ce qui rafraîchiroit les races, objet très eſſentiel à leur amélioration, & qui n'a pas lieu dans le régime actuel. Le défaut dont les générations peuvent être attaqués, diminueront par le changement de l'individu qui y co-opère le plus, & l'on parviendra inſenſiblement à les détruire. Cette nouvelle forme d'adminiſtration faciliteroit à un Inſpecteur tous les moyens d'interroger la nature, & le mettroit en état, après pluſieurs expériences réitérées, de fixer, dans l'étendue de ſon département, la place & le véritable canton qui conviendroient à tels & tels chevaux.

Les priviléges & exemptions des Gardes-Etalons ſont très onéreux aux communautés, parce qu'étant preſque toujours de grands propriétaires, le rejet de leurs impoſitions ſur les autres contribuables, cauſe une augmentation conſidérable, en retombant, d'une maniere odieuſe, ſur le peuple, en ſorte qu'il réſulte du ſyſtême actuel des dépenſes conſidérables pour le Roi, & cependant un impôt énorme & public pour empêcher les particuliers d'avoir des chevaux ; les Etalons étant dans un entrepôt, & par conséquent les Gardes-Etalons ſupprimés, ces inconvéniens qui détruiſent les Haras diſparoiſſent, tout devient égal dans les Communautés, chacun participe aux charges publiques & à l'avantage de la rétribution du droit de monte ; les Etalons ſont ſans ceſſe ſous les yeux de l'adminiſtration ; ils ſont tenus & conſervés comme ils méritent de l'être.

Les propriétaires des jumens anexées à l'Etalon, aſſurés dès-lors d'avoir des productions d'un beau cheval, les laiſſeront jouir du repos qui leur convient, & donneront tous leurs ſoins à élever les poulains. Chacun voyant un avantage dans les jumens de taille, & les réſultats devenir meilleurs à meſure des ménagemens qu'on a pour elles, s'y refuſera moins, ſe déterminera bien vite à s'en procurer, qui lui donnent la retribution du ſaut, & préférera dès-lors d'élever les plus belles pouliches : ce qui hauſſera la race promptement, de manière, qu'au bout de dix ans, chaque province ſera fournie de beaux & bons chevaux, & de belles cavalles qu'elle aura vu naître. Ainſi, dans peu, la production deviendra plus parfaite ; ce commerce ſe fortifiera, & cette amélioration ne ceſſant d'accroître, augmentera le prix de la vente par les bonnes qualités de la choſe à vendre, ce qui eſt le plus grand point, ſur-tout dans les productions territoriales.

Qu'on n'objecte point l'inſuffiſance de ce moyen, parce que le vœu d'avoir des chevaux nationaux étant général, il n'eſt nulle part plus grand que chez les particuliers qui ont des fourages : qu'il y en a déjà beaucoup qui vont acheter, non-ſeulement dans les provinces voiſines, mais juſque chez l'étranger, des poulains ou des jumens pleines, pour être aſſurés d'élever des chevaux au-deſſus du commun ; que les Cultivateurs de la Champagne, de la Bourgogne, de la Franche-Comté, &c. achetent, chaque année, en Suiſſe, une quantité prodigieuſe de poulains, qu'ils répandent enſuite dans le reſte du Royaume, & vendent ſouvent pour *normands*. Les jumens de diſtinction ſont chères & rares, parce qu'on monte les fines & qu'on fait des attelages des autres. Si l'on ſuit la méthode que je préſente, le ſuccès ne peut être douteux, puiſque les belles jumens qui en viendront ſeront néceſſairement conſervées pour être poulinières : ce qui rendra conſidérable le prix de leurs fruits, & par conſéquent leur multiplication certaine par les avantages qu'il y aura à les élever.

Deuxieme Section.

L'Etalon doit être non-seulement beau, bien-fait, plein d'action, de santé, de force, de courage, mais d'une constitution vive, souple & nerveuse, sur-tout de bonne race, & exempt de tous les défauts de conformation & des vices des humeurs. Les jumens que l'on destine à être mères, doivent, autant qu'il est possible, avoir les mêmes perfections recherchées dans l'Etalon, sur-tout une taille avantageuse, le flanc large, le coffre vaste, pour que le poulain soit logé à son aise, & puisse profiter, croître & s'étoffer, & qu'elles soient bonnes nourrices. Il est aussi très-essentiel qu'elles soient de bonne race, qu'elles aient une bonne santé, & aucun vices marqués dans quelques-uns des organes précieux, dont les fonctions influent visiblement sur l'harmonie qui doit régner dans l'économie animale. Car l'union intime qui existe entre la mère & le petit, pendant la gestation, & même long-temps encore après la naissance, est si étroite & si parfaite, qu'ils héritent de toutes les qualités & propriétés du corps dont ils procèdent.

Quoiqu'un défaut naturel ou héréditaire, soit aux Etalons, soit aux cavales, ne se produise pas d'abord, il paſſe cependant juſqu'à la troiſième & quatrième génération, & quelquefois tant que dure cette race : & l'expérience prouve qu'un cheval, d'une figure médiocre, ſorti d'une noble race, donne, avec une belle jument, un poulain qui remonte au premier pour la beauté, & dans lequel reparoiſſent les caractères diſtinctifs qui ſembloient éteints dans le père, & qui avoient diſtingué l'aïeul. Au lieu qu'un cheval d'une belle conformation, mais iſſu d'un ſang vil, donne rarement des productions médiocres & ſouvent des chétives. C'eſt donc un point de la derniere importance d'avoir des Etalons de bonne race, de race noble & pure. Il ne faut conſéquemment pas viſer à trop d'économie dans leur achat, parce qu'il faut tendre à la plus haute perfection; que jamais on ne la paiera trop dans les chevaux deſtinés à faire ſouche, à former une race nouvelle & à donner des chevaux de la première eſpèce. *Le but des Haras doit-être moins d'avoir des chevaux, que de beaux & bons chevaux.* Les germes mâles & femelles les plus parfaits, ſont d'une néceſſité indiſpenſable, & il n'en exiſte point en Europe. Nous pouvons bien les former chez nous, mais on ne le peut qu'avec le ſecours des Etalons les plus accomplis. Le cheval arabe étant le meilleur, le premier cheval de l'Univers, le cheval de la nature, il eſt par conſéquent le ſeul qui puiſſe remplir notre but. Et à ſon défaut, les chevaux perſans, tartares, turcs, barbes, & autres du midi, ſont ſans conteſtation ceux qu'on doit préférer ; imitons les Anglois qui connoiſſent toute la valeur des beaux Etalons, & ne regardent point aux fraix lorſqu'il s'agit d'en acquérir. On a vu de ſimple particuliers s'unir pour frêter un bâtiment deſtiné à recevoir un eſclave du Roi de Maroc, qu'on avoit gagné pour enlever un cheval des Haras du Prince. Le voleur & l'Etalon firent cinquante lieues en une courſe, & arrivèrent à bon port; l'Etalon revenoit aux poſſeſſeurs à quatre-vingt mille livres.

Imitons tous les Souverains de l'Europe, qui font les plus grands ſacrifices pour introduire & conſerver dans leurs Etats des germes précieux & de la premiere qualité. Le Roi de Pruſſe fit acheter à Paris, l'année dernière, un Etalon arabe, pour la ſomme de vingt mille livres; diſons à notre honte, que l'adminiſtration des Haras de France, refuſa de faire cette acquiſition ſous des prétextes futiles, & que les bons patriotes eurent la douleur de voir ſortir du Royaume un cheval précieux qui y avoit été amené par un de nos Conſuls, dans l'eſpoir d'être utile à ſa patrie (1).

---

[1] Nous avions déjà précédemment proſcrit l'Etalon arabe, nommé *Godolphin;* qui a fourni à l'Angleterre *Bay-brun*, *Maſque*,

TROISIEME SECTION.

Il faut permettre à toute personne de tenir des Haras, de nourrir & d'élever des chevaux dans leurs terres & possessions, à la charge de donner chaque année, à l'Inspecteur de l'arrondissement dans lequel sera leur Haras, un état contenant le nombre des Etalons, cavales & poulains qu'ils nourrissent; mais avec défenses très-expresses, à ceux qui auront des Etalons, d'exiger aucun salaire ni rétribution pour le saut, à moins que ce ne soit de gré à gré. Sous peine de confiscation de leurs Etalons & de 300 liv. d'amende.

La défense faite par l'Ordonnance du 6 juin 1718, aux propriétaires des chevaux entiers non-approuvés, de s'en servir pour tirer des productions, soulève une foule de gens qui regardent, avec raison, cette défense, comme un joug très-

---

Regulus, & une foule d'autres excellens chevaux. La souche des meilleures races angloises provient de chevaux arabes achetés en France, à vil prix. *Le Godolphin* a été vendu à Paris pour dix-huit louis, comme un cheval de réforme dont nous ne pouvions plus tirer aucun parti. On aura toujours de semblables reproches à nous faire, tant que l'achat des Etalons & des jumens propres à regénérer nos Haras restera subordonné à la faveur, à l'ignorance ou à l'intérêt.

onéreux, & comme contraire au droit de propriété. Il est certain que cette Ordonnance qu'on suit à la rigueur, enchaîne la liberté & décourage l'agriculteur. L'état exigé est nécessaire pour que l'administration soit à portée de connoître le nombre & les qualités de toutes les productions nationales. La permission d'avoir des Etalons ne peut que concourrir au progrès des Haras & à la multiplication de l'espèce; puisque si quelqu'un est assez épris du bien public pour faire des sacrifices & avoir de superbes Etalons, il en a le pouvoir, ce qui lui est actuellement défendu par l'article premier du titre V des réglemens des Haras. D'ailleurs, comme il ne peut en retirer aucune rétribution, c'est un avantage réel pour le païsan & pour la multiplication de l'espèce.

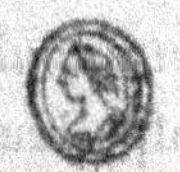

CHAPITRE II.

Choix des Inſpecteurs.

IL faut abſolument que les Inſpecteurs des Haras aient les connoiſſances, non-ſeulement des parties extérieures du cheval, mais celles qui ſont néceſſaires pour en préjuger les mœurs & le tempérament; qu'ils ſoient capables d'obſerver avec juſteſſe, de recueillir & répandre leurs obſervations, qu'ils aient du goût, de l'amour, & une ſorte de paſſion pour leur état, parce que pour réuſſir, il faut connoître exactement, & aimer beaucoup ce que l'on fait. Un Inſpecteur doit encore être d'un caractère tout empreint de douceur & d'aménité, pour manier avec ſuccès celui des gens de la campagne, & leur inſinuer l'envie de donner tous leurs ſoins aux jumens & aux poulains. La perfection des Haras dépend des Inſpecteurs, tout homme qui a vécu dans l'éloignement des chevaux, qui n'en a pas la moindre connoiſſance ou qui n'en a qu'une ſuperficielle, qui court uniquement après l'honorifique ou la finance de la place, doit être éloigné de la régie des Haras. Non-ſeulement de telles gens y ſont inutiles, mais ils y ſont pernicieux. Il ne ſuffit pas de les choiſir dans les Officiers de Cavalerie ou dans la nobleſſe, ces places doivent être la récompenſe de tous ceux qui font une étude particulière du cheval, & qui, à des connoiſſances hippiques, joignent l'intelligence & les qualités que j'ai exigées ; mais comment n'être pas trompé dans le choix ? .... Par le concours ou par un examen rigoureux. Le corps des Inſpecteurs une fois établi, on déſignera un lieu fixe où ils s'aſſembleront deux ou pluſieurs fois par an, pour ſe communiquer leurs obſervations réciproques, & aviſer au bien de l'adminiſtration ; & ce ſera dans ces aſſemblées qu'on examinera les concurrens aux inſpections. Ce projet dont je ne donne ici qu'un léger apperçu, eſt le ſeul moyen de détruire tous les inconvéniens ; & cette aſſemblée d'hommes inſtruits qui conſacrent leurs ſoins & leurs talens à un objet auſſi intéreſſant pour le bien public, ſeroit toute auſſi avantageuſe que celle des ſociétés d'agriculture. Si l'on réfléchit, que les Haras demandent une attention unique & ſuivie de la part de tous ceux qu'ils occuperont, afin de ſuppléer l'habitude & le goût général éteints dans les campagnes, & que la différence des génies dans les perſonnes qui en ſont chargées, fut & ſera toujours un obſtacle à leur rétabliſſement & à leur progrès ; l'on demeurera fortement persuadé que pour ressusciter les Haras, les augmenter, les perfectionner & les soutenir, il est absolument nécessaire d'en confier l'administration à des Inspecteurs intelligens, dont l'esprit, toujours tourné du même côté, ne verra jamais le bien sans lui donner la forme d'existence qui lui conviendra, ni les abus, sans y porter le plus prompt remède.

CHAPITRE III.

Prohibitions.

Tout cheval entier, tout âne, doit être prohibé, des pâturages communaux où sont les cavales; parce qu'il est contraire à la perfection de l'espèce & aux bonnes loix, que chacun ne puisse pas être assuré de tenir sa jument dans une prairie, sans l'exposer à prendre un mauvais poulain ; & que si l'on n'étoit pas sur cet objet rigoureusement strict, les races ne pourroient s'améliorer que très-lentement. Le Parlement d'Angleterre a si bien senti cet inconvénient, que pour y obvier, il a rendu un acte de réglement très-sage, lequel autorise tous ceux qui trouveront sur leurs héritages ou dans les communes, un cheval entier au-dessous de quatre pieds neuf pouces, de se l'approprier sans autre forme de procès, & sans qu'il puisse être reclamé par celui auquel il appartenoit. Les poulains de dix-huit mois doivent également être éloignés des cavales, parce qu'elles en deviennent amoureuses, qu'elles s'échauffent & se vuident, & qu'en même temps les poulains s'énervent auprès d'elles.

CHAPITRE IV.

Prix, Gratifications.

C'EST en employant tous les moyens qui ont de l'empire sur l'esprit & la cupidité des hommes, qu'on parvient à tirer d'eux ce qu'on en désire. C'est en mettant en œuvre les ressorts de la gloire & de l'honneur, qu'on réussit à obtenir au delà même de ce qu'on demande.

Qu'un Fermier apperçoive le moindre avantage à élever des chevaux, & qu'à cet avantage se joigne l'espoir de gagner un prix décerné à la plus belle production de son canton; il mettra sans-doute tous ses soins à nourrir une jument d'une conformation régulière, de préférence à cette lourde masse qui lui cause la même dépense, & qui n'a ni les facultés, ni la volonté de lui faire plus de service que celle dont les proportions ſont régulières. Il eſt encore de ſon intérêt que cette cavale, objet de ſon bénéfice futur, ne ſoit étalonnée que par un beau cheval. Il refuſera donc de la laiſſer devenir mère par celui qui ne peut lui donner qu'un extrait de la difformité dont il eſt pourvu ; ſon profit alors ſeroit manqué & ſon eſpoir évanoui. Il cherchera pour Etalon celui dont la réputation de beauté & de bonté eſt établie, veillera ſoigneuſement à l'éducation du poulain, l'enviſagera comme un objet de commerce dont le produit augmentera chaque année, & recueillera, en le vendant, le fruit de ſes peines & de ſes dépenſes. S'il eſt aſſez heureux pour qu'il mérite le prix, la valeur de ſon cheval s'accroît ſur le champ du double, la réputation de ſes élèves commence à s'établir, ſe fortifie annuellement, & finit par devenir auſſi invariable que leur belle configuration. Bientôt l'émulation s'emparera des eſprits ; les habitans de la campagne, à l'envie les uns des autres, ſe diſputeront à qui aura la jument la mieux faite, les poulains deviendront nombreux, l'intérêt & l'exemple entraîneront les plus opiniâtres, & leur feront exécuter ce que les réglemens les plus ſages ne pourroient jamais obtenir.

Le prix ſeroit en argent de la valeur de deux cent livres, il y en auroit annuellement, dans chaque province, quatre qui seroient distribués, savoir deux à ceux qui présenteroient les plus beaux poulains, & deux à ceux qui offriroient les deux plus belles pouliches, les uns & les autres âgés de trois ou quatre ans, engendrés & élevés dans la province. On désigneroit chaque année d'avance, les lieux où les chevaux seroient amenés au concours. Les propriétaires recevroient le prix après le jugement, & pourroient disposer des chevaux à leur gré, même les vendre pour Etalons.

Les prix font tant d'impression sur les habitans de la campagne, que ce moyen a toujours été employé avec succès dans les Etats où la propagation des chevaux a eu besoin d'être encouragé. L'Electeur de Baviere, l'Empereur, les Rois de Suede, de Prusse, &c. ont tous accordé des prix aux particuliers qui présentent les meilleurs chevaux issus des pays de leur domination.

GRATIFICATIONS.

Les gratifications consisteroient à exempter du logement des gens de guerre ou de quelqu'autre équivalent; celui qui nourriroit trois ou quatre jumens poulinières; & ces cavales pleines ou nourrices, ne pourroient être saisies pour dettes; à plus forte raison les maîtres de poste ni les troupes ne pourroient les employer à leur usage. Le particulier qui, dans l'intervalle de dix ans, auroit présenté six poulains ou pouliches issus de ses cavales, qui auroient tous six remporté le prix, seroit dispensé de donner à la milice, & s'il étoit marié, & qu'il eût des enfans, deux de ses fils seroient exempts de tirer au sort, tant qu'ils habiteroient le toît paternel. Rien n'animeroit autant le Cultivateur à concourrir à la multiplication de l'espèce ; l'espoir seul de parvenir un jour à ne pas mettre la main au chapeau, opéreroit la révolution. En Danemarck, l'Ordonnance royale touchant les Haras, accorde une exemption de toutes tailles, (savoir des droits de consommation, de la capitation, & de la taxe, sur les familles) à cinq personnes pour chaque Haras de douze jumens ; à quatre personnes pour dix jumens, à trois pour six jumens, & à deux pour quatre jumens (1).

FOIRES.

On créera ou on indiquera dans chaque province, des foires qui se tiendront, chaque année, une ou

(1) *Voyez* page 199 du Traité des Haras de *Hartmann*, publié, l'année dernière, par *M. Huzard*, & qui se trouve à Paris, chez Barrois jeune, Quai des Augustins.

deux fois, & dans lesquelles ne pourroient être admis que les chevaux issus & élevés dans le Royaume, qui auroient remporté le prix, ou qui seroient marqués par les Juges du concours. Laquelle marque ne seroit apposée à la cuisse hors du montoir, qu'aux chevaux sans tare. L'on puniroit sévérement tous maquignons, particuliers, ou autres qui la contreferoient. La marque des chevaux couronnés seroit mise sur la cuisse du montoir, afin d'être distincte de l'autre.

Ces foires réuniroient plusieurs avantages réels; celui de concourrir à la propagation de l'espéce, même de l'accélérer; de fournir un débouché certain pour la vente, & un lieu fixe pour l'achat; de sorte que les personnes qui désireroient faire l'acquisition de chevaux, joindroient à la certitude d'en trouver de beaux, l'assurance de les avoir provenans de bonne espèce, & sur-tout exempts de ces défauts que les maquignons savent si bien cacher, qui même échappent quelquefois à l'œil du plus parfait connoisseur, & mettent l'animal hors d'état de rendre les services qu'on s'en promettoit. La marque désignant les espèces, on auroit au moins l'avantage d'acheter celuiqu'on préfèreroit, & on ne tomberoit pas dans le cas de prendre un cheval breton pour un normand, &c.

L'acheteur, ne courant aucun risque, donneroit

ſon argent avec confiance, & emporteroit avec lui la ſatisfaction de n'avoir point été trompé dans ſon emplette. Le nourricier, ambitionnant de donner à ſes élèves l'honneur de la foire, qui ſeroit pour eux un débouché sûr, emploiroit ſes ſoins à s'en procurer, qui ſoient dignes d'y être admis, & rejetteroit tous ceux que des vices de conformation en excluëroient. Ainſi, petit à petit, les chevaux défectueux diſparoîtroient, & ſeroient remplacés par ces beaux modèles qui font l'admiration & le plaiſir des connoiſſeurs.

CHAPITRE V.

Haras fixe.

Il eſt de toute néceſſité ſi l'on veut avoir des chevaux de *ſang*, c'eſt-à-dire des chevaux de race pure du côté de pere & de mere, d'établir un Haras fixe dans chaque province; parce que parmi les jumens de tel canton deſtinées à aller au même Etalon, les rapports de taille, de ſtature, de conformation, ſont généraux & ſuffiſans, pour avoir de beaux chevaux; mais comme il y a des nuances, des différences particulières, l'aſſortiment ne peut jamais, quelqu'attention qu'on y porte, être aussi parfait que si l'on avoit des jumens de choix. D'ailleurs l'assortiment des formes eût-il lieu? celui des naissances qui est tout aussi intéressant, celui des climats qui n'est pas moins essentiel, manquant, les productions pêchent & ne remplissent point l'objet. C'est donc dans les Haras fixes où l'on ne négligera rien pour se pourvoir d'Etalons & de jumens d'un sang noble, d'une configuration parfaite, & de climats assez opposés; que les jumens bien soignées, bien pensées, jouissant de la nourriture & du repos qui leur convient, donneront des poulains précieux: & ce n'est que dans des Haras fixe, où ces mêmes poulains soignés, nourris, élevés comme ils le doivent, attendront le degré de perfection qui leur étoit destiné par la nature, étant développé & conservé par la main & les soins de l'homme. C'est dans les Haras fixes que les races, toujours croisées & jamais mélangées avec d'autres moins pures, se conserveront dans toute leur splendeur. Cette vérité est si constante, que si on la négligeoit longtemps, en cessant de renouveller les races par des Etalons étrangers, les générations s'aviliroient plus ou moins promptement, selon le climat & la nourriture, & s'éteindroient même, parce qu'il vient un temps où la matière dominant entièrement sur la forme, l'altère, la défigure, & la vicie. Les hommes qui seront occupés dans les Haras, & qui reporteront ensuite dans leurs cantons, les connoissances qu'ils y auront acquises, y feront un bien infini en répandant les bons principes. Les beaux chevaux qu'on verra sortir de ces Haras, l'estime qu'on en fera, le gain qu'ils offriront, tout réveillera l'émulation assoupie, & multipliera l'accroissement & la perfection des races inférieures.

Des marques du Haras.

Chaque province aura une marque particulière, & toutes les productions qui sortiront de son Haras en seront marqués à la cuisse gauche; elles le seront aussi à l'encolure d'un numéro qui répondra à celui de l'Etalon dont elles seront issues. Il en résultera qu'on évitera par ce moyen tout accouplement incestueux; qu'on acquerrera l'habitude des nuances qui différencieront les chevaux de chaque province. Les Inspecteurs & autres personnes à la tête des Haras, seront intéressés à veiller au bien de la chose, parce que leurs talens seront mis au jour par le plus ou moins de perfection des élèves; l'émulation se glissera parmi eux, & généralement dans toutes les provinces; chacune voudra faire mieux que sa voisine, & acquerrir le dégré de ſupériorité où celle-ci aura atteint. Il en ſeroit de cette branche de commerce comme de celles de nos manufactures, où chacune cherche à s'élever au-deſſus de ſa rivale, ou pour le moins à l'égaler.

CHAPITRE VI.

Courſes.

L'ÉTABLISSEMENT des courſes eſt la voie qui peut conduire le plus ſûrement à la perfection & à la conſervation des races; ce moyen eſt même ſuffiſant pour entraîner la révolution. En effet, comment ſe refuſer à l'évidence qui nous montre que ce moyen eſt celui qui ſoutient & perpétue les chevaux de ſang en Angleterre; que c'eſt par lui que l'eſpèce a été totalement changée, & que l'eſpèce vile & mépriſable qui avoit précédée celle-ci, s'eſt entièrement évanouie. Depuis que les Américains ont introduit les courſes dans leurs colonies, l'eſpèce des chevaux y eſt devenue meilleure & s'y perfectionne tous les jours; enfin la Virginie, le Marylland, &c. en fourniſſent qui ne le cèdent en rien aux chevaux de la grande Bretagne.

Les courſes ſeront avantageuſes pour le pays où

elles feront en vogue, en lui donnant toujours une prépondérance réelle sur ses voisins. Soit pour le commerce des chevaux, soit pour avoir une cavalérie supérieure. On sait que c'est par les courses que les Thessaliens, voisins de la Grèce & de la Macédoine, se formèrent insensiblement à l'exercice du cheval; & que les lapithes, autre peuple de Thessalie, se distinguèrent par leur habileté à manier ces animaux, & imaginèrent les premiers les mords; qu'enfin les Haras d'Epire, de Mycène & d'Argos, durent à ces sortes de combats la perfection singulière à laquelle ils parvinrent, & c'est cette émulation qui a multipliée en Angleterre l'espèce, au point où elle est. Pourquoi ne produiroit-elle pas parmi nous le même effet? Disons plus, il n'y a pas de région où les particuliers s'intéressent davantage à la gloire & au succès de la nation, il suffit de leur en indiquer les moyens, les courses les fourniront; elles auront encore l'avantage d'offrir une voie sûre & infaillible, d'apprécier un cheval, de s'assurer de sa vigueur & de sa bonne organisation, parce que celui qui remporte le prix est le meilleur, & mérite d'être préféré pour le service des cavales. Un cheval ne peut courrir qu'à raison de la force de ses reins & de ses jarrets; sa vitesse est toujours & nécessairement proportionnée au ressort, à l'élasticité de ces parties; il ne peut ſoutenir la célérité de ſa courſe que par une bonne haleine & une excellente organiſation intérieure ; il a donc toutes les qualités recherchées dans un Etalon : car il faut avouer que l'inſpection ſeule ne ſauvera jamais l'homme le plus profond & le plus connoiſſeur, du déſagrément d'errer ſouvent en ce qui concerne le fonds du caractère & du tempérament de l'animal, & les différentes qualités intérieures qui en conſtituent la force & le courage. Ainſi quoique chaque particulier n'ait pas beſoin de chevaux de courſe, l'Etat à un beſoin indiſpenſable d'avoir des courſiers, afin de produire, avec des jumens plus ou moins nobles, des chevaux de bonne qualité. Henri VIII avoit ſi bien connu la certitude de ce moyen, pour perpétuer, annoblir, & fertiliſer de tous les animaux l'eſpèce la plus utile, qu'il fit une loi qui ordonna la conſervation des chevaux de race, c'eſt-à-dire de *courſe*, en Angleterre ; & les premiers prix accordés par le gouvernement, firent ſur les eſprits une impreſſion & ſi forte & ſi vive, que depuis, cet exercice a été porté au point de vigueur où on le voit. Les prix donnés par le Roi ſont de cent guinées, ceux qui ſont accordés par les villes ou conſéquemment à des ſouſcriptions particulières, ſont de cinquante guinées, & ne peuvent être moindres par acte du Parlement.

Mais pourquoi ces récompenses données par le Gouvernement, ont-elles fait sur les esprits une si vive impression, & que l'augmentation de ces récompenses a porté les courses au point de vigueur où on les voit. C'est qu'elles réunissent des avantages qui intéressent le bien général & le bien personnel; c'est que ces sommes & celles des paris tournent à l'avantage des possesseurs de chevaux : or, comme il y a plusieurs courses dans une année, le même cheval conduit dans différens lieux, peut gagner plusieurs prix; & il est des exemples où un, en a gagné treize consécutifs, montant à la somme de 5840 guinées. Quel appât! quel bénéfice pour le maître! lors même qu'on supposeroit que le cheval lui en auroit coûté 1000. Je n'hésite donc pas à regarder les courses de chevaux, comme nécessaires à la production & au maintien des bonnes races, des races pures de chevaux fins.

N'étant pas mieux pourvus de chevaux de carrosse que de ceux de selle, les uns étant aussi nécessaires que les autres, il est juste d'accorder des prix à ceux qui en éléveront, & d'établir des courses de chars dans lesquelles on assurera la même impartialité que dans les courses de chevaux, & où se trouveront les mêmes avantages.

Toute gêne, toute contrainte, toute prédilection en seront bannies; le concours sera absolument libre à tout le monde, les personnes, les rangs, les qualités, seront oubliés, les chevaux des uns & des autres pourront entrer en lice, on ne juge point les hommes, mais les chevaux, & on les juge sur le seul élément qui puisse donner la mesure juste de leur supériorité.

Les courses auront lieu depuis le mois d'avril jusqu'au mois d'octobre inclusivement. On prendra des jours de fête, si l'on craint la perte du temps pour le peuple des lieux où il y aura des courses.

Aucun cheval étranger ne pourra courir, ceux d'origine & d'éducation françoise seront seuls reçus; & au moyen de la marque des Haras d'où ils sortent, ou de celle du prix qu'ils auront obtenus comme beaux poulains, ou de celle qu'on leur aura faite pour les admettre aux foires, on en sera certain.

Quant à l'objection, que c'est mettre des entraves aux productions particulières, en ne recevant que les chevaux *marqués*, & que le nombre de personnes qui ont des Haras, ou qui élèvent des poulains procrées d'Etalons, qui, pour n'être pas à la province, n'en sont pas moins de bonne race & de belle configuration, trouveroient de l'injustice à voir leurs nourrissons exclus de la carrière : voici ma réponse. On connoît toujours dans chaque province, les particuliers qui ont des Haras distingués;

on admettra donc tous chevaux qui seront prouvés en sortir. D'ailleurs comme l'essentiel & l'objet principal est d'encourager la propagation & la perfection, & qu'au bout de quelques années, les courses & les prix accordés par le Gouvernement auront fait sur les esprits une impression assez vive pour procurer l'embellissement des productions nationales, alors il est peu important d'être sévère sur les races des chevaux; il sera même plus à propos de recevoir indistinctement tous ceux qui se présenteront pour entrer en lice. La quantité & la qualité des concurrens ne peuvent qu'accroître & fortifier l'émulation. Une des loix fondamentales sera que les chevaux ne seront montés, dans les courses, que par des François. Le prix de la course sera au moins de 1200 liv.

Les Anglois ont réveillé, il est vrai, les premiers en Europe, le goût des courses de chevaux, long-temps cultivé par les Grecs. En admettant parmi nous les courses de chars, nous serons les premiers en Europe qui les auront renouvellées, & les nations qui les établiront ensuite chez elles, les recevront de nous, comme nous recevons des Anglois, celles de chevaux. Ces courses illustrèrent l'ancienne Grèce, elles furent chantées par ses poëtes, elles faisoient l'objet principal de ses fêtes, & elles contribuèrent à y fixer cette supériorité de lumières qui l'a si long temps distinguée du reste du monde. Ce goût subjugua aussi les Romains, rehaussa l'éclat de Rome, & ne se perdit qu'avec la splendeur de l'Empire. Cet oubli dans lequel les *courses de chars* sont tombées depuis si long-temps, tient, sans doute, à ce qu'il faut plus d'art, plus de dextérité pour conduire sur l'arène, un char attelé de plusieurs chevaux, que pour en monter & manier un seul. Mais cette difficulté n'auroit-elle pas dû, au contraire, engager les gens riches, ceux qui aiment la gloire, à établir des courses de chars? Quoi de plus noble! quoi de plus satisfaisant que de tenir sous son obéissance quatre brillans & vigoureux coursiers, de leur inspirer le désir de vaincre, & les trouvant aussi ardens que dociles à séconder la main qui les guide; les voir par l'inquiétude de leurs mouvemens, témoigner leur impatience & leur ardeur; au moindre signal déployer leurs ressorts, précipiter leurs pas avec la rapidité de l'éclair, redoubler de célérité & d'adresse pour devancer leurs rivaux! Quoi de plus flatteur pour l'athléte qui les conduit, que de franchir, à l'aspect du but, les difficultés sans les appréhender! Il efface, par son air d'assurance, la crainte du cœur des spectateurs, qui s'animent, s'agitent, se passionnent, comme s'ils conduisoient eux-mêmes les chevaux; il y fait succéder cette joie pure, ce plaisir qu'inspire la victoire. Est-il un instant plus délicieux que celui d'entendre les cris de joie & d'allégresse qui proclament le vainqueur, font voler son nom de bouche en bouche, & le gravent dans la mémoire des hommes.

CHAPITRE VII.

Taxe, Impôt.

LES Communautés paient annuellement 80, à 100 liv., plus ou moins par Etalon, outre ce qui est à la charge de ceux qui ont des jumens. Que l'on supprime ces paiemens qui se font d'une manière inégale, que l'on fasse une répartition annuelle à raison du rôle des impositions, par exemple, de trois ou six deniers par livre. La répartition sera moins onéreuse que celle qui existe aujourd'hui. Le droit de monte étant anéanti, & avec lui les exemptions dont jouissent les Gardes-Etalons, il y aura une diminution dans chaque quote-part des impositions, ce qui rendra imperceptibles ou du moins égales les charges locales. Que l'on mette une taxe, tant sur les chevaux de ville que sur ceux de campagne, ainsi que cela se pratiquoit anciennement dans beaucoup de provinces, & comme cela se pratique, dans les Pays-Bas autrichiens, dans le Duché de Modéne & ailleurs, avec cette différence que les gens vivans noblement, paieront le double du cultivateur. L'augmentation & la perfection des chevaux formant un avantage universel, il n'y a point d'inconvénient d'y faire concourir tout le Royaume. Cette taxe ne sera point onéreuse si l'on fait attention que les chevaux nationaux coûteront moins que ceux que l'on fait venir du dehors, & auront autant de qualités. Que l'on établisse ou que l'on augmente l'impôt sur tous les chevaux qui entrent de l'étranger dans le Royaume, cela soutiendra la vente des chevaux nationaux, & empêchera la sortie de l'argent. Dans tous les Etats du nord où les chevaux forment une des plus considérables branches du commerce avec l'étranger, cet impôt a lieu. Il ne seroit pas trop fort à 100 liv. par tête, généralement parlant : & il est incontestable que plus il sera haut, plus l'importation sera basse par l'augmentation de la multiplication nationale d'un côté, & la diminution de la valeur des chevaux étrangers de l'autre, qui sera nécessairement suivie de celle des individus.

On peut encore mettre une taxe sur tous les mulets & mules, & il seroit à propos que cette taxe fut triple & même quadruple de celle imposée sur les chevaux, afin d'engager les particuliers à préférer l'éducation de ces derniers. Il y eût un temps où le commerce des chevaux étoit abandonné en Espagne, & on ne parvint à le revivifier qu'en employant ce moyen, & en faisant payer ceux qui montoient sur âne ou mulets au lieu d'aller à cheval.

Les baudets étalons seront également dans les dépôts avec les chevaux entiers, mais il en coûtera six livres & un boisseau d'avoine pour le droit de saillie, & il sera défendu à toute personne, telle qu'elle puisse être, de tenir des baudets, pour servir les cavales, sous peine de confiscation & d'amende.

CHAPITRE

CHAPITRE VIII.

Direction des Haras.

L'ADMINISTRATION des Haras a souvent changée. Tantôt elle a été partagée entre plusieurs Administrateurs, tantôt elle a été réunie sous un seul. Mais ce qui a été constant dans tous les temps, c'est une dépense énorme pour avoir des chevaux (1), sans que cette dépense en ait jamais produit. Dans le nombre des Administrateurs qui ont eu les Haras, depuis *Colbert*, quelques-uns, sans connoissances relatives à cette partie, s'en sont rapportés aveuglément à des Inspecteurs plus ignorans encore, placés & protégés par eux, & souvent guidés par l'intérêt le plus sordide. D'autres, sans goût pour le bien de la chose, ont laissé les vices & les abus sans les réprimer. Quelques-uns avec toutes les lumières & tous les talents nécessaires, & avec le plus grand désir de régénérer les Haras, ont été

(1) 814,000 liv., pour le Trésor Royal seulement, sans y comprendre les dépenses particulières des Provinces, comme la Bretagne, le Berry, la Guienne, la Bourgogne, &c. Les Haras coûtent, à cette dernière, 30,000 liv.

contrariés par les provinces, par leurs Intendans, & par une foule de difficultés de toute espèce, où, ils n'ont pris, ni assez d'intérêt à l'objet pour se roidir contre ces difficultés, ni eu assez de crédit pour les vaincre; & se sont bornés alors à l'honorifique de leur place.

Le seul, l'unique moyen de parer à ces inconvéniens, c'est que la direction générale des Haras ne soit remise qu'entre les mains d'un corps composé de personnes qui, par leur état, leurs talents & leur amour pour la patrie, puissent porter dans cette partie tout le zèle, les lumières & la protection nécessaires, & lui donner l'existence la plus stable & la plus avantageuse. Il est donc à désirer que les États-Généraux ou la commission intermédiaire, supposé qu'ils en établissent une, ou enfin le conseil de la guerre forme *le directoire général*, & les administrations provinciales, *la direction secondaire*. C'est-à-dire que chaque province ait l'administration de ses Haras, en correspondant en droiture avec le directoire général, qui pourra seul sanctionner ou infirmer les réglemens provisoires que chaque province jugeroit convenables.

Il est inutile d'observer que je n'entends point comprendre, dans la direction générale, les Haras royaux, qui doivent toujours être de droit sous l'autorité & la dépendance du grand Ecuyer de France.

Je ne m'étendrai pas sur les avantages que cette administration procureroit, il n'y a aucun bon citoyen qui ne les entrevoie. Il me suffira de donner ici un léger apperçu relatif à la formation des officiers à employer.

Formation des Officiers des Haras.

I.

Qu'il soit créé un Commissaire-général des Haras, chef de toute la correspondance & des autres objets relatifs à la conservation des Haras, qui visera les comptes de recette & de dépense, veillera sur les Officiers inférieurs, &c.

OBSERVATIONS.

Feu M. *Bourgelat* étoit Commissaire-général; & tant qu'il a exercé cette place, nos Haras ont éprouvé une amélioration sensible. La mort de ce homme célèbre a été une perte réelle pour la France. Cette place étant d'une extrême importance, il est très-essentiel qu'elle ne soit occupé que par une personne qui ait un amour extrême du bien, & des connoissances profondes; & non par des protégés qui ont vécu dans l'éloignement des chevaux, & qui n'ont pas même les notions superficielles de la connoissance extérieure de ces animaux.

I I.

Il y aura quatre Inſpecteurs-généraux qui feront des tournées dans les différent départemens qui leur feront aſſignés, pour ſe faire rendre compte, veiller aux affaires, éclairer la conduite des Inſpecteurs, ſous-Inſpecteurs, & généralement de toutes les perſonnes attachées aux Haras ; ordonner les achats & réformes des Etalons, ainſi que les changemens qu'ils jugeront néceſſaire de faire dans leurs placemens, pour le bien du ſervice.

Observations.

En changeant chaque année le département des Inſpecteurs-généraux; on évitera qu'ils puiſſent rien tolérer ni accorder de préjudiciable au bien des Haras. Leurs obſervations particulières accroîtront la maſſe des lumières, & mettront l'adminiſtration à portée d'agir avec connoiſſance de cauſe.

I I I.

Il y aura dans chaque province, un Inſpecteur-particulier, qui ſera à tête du Haras fixe, & qui annexera les cavales publiques aux Etalons, les appareillera & fera faire la ſaillie. Il fera toujours ſa réſidance dans ſon département.

OBSERVATIONS.

Ce dernier point eſt très-important. Dans le régime actuel, l'Inſpecteur des Haras d'une province habite quelquefois dans un autre fort éloignée, & ne paroît dans ſon département que pour faire ſa revue & dans le temps de la monte. Il s'en rapporte aveuglément aux Gardes-Haras, aux Gardes-Etalons, &c. Ces abus ont été apperçus & reclamés par différentes adminiſtrations provinciales ; mais toujours vainement !

IV.

Il y aura également dans chaque province, un *Sous-Inſpecteur-Ecuyer* pour veiller à ce que les Etalons du Haras fixe ſoient bien nourris & bien penſés ; pour les dreſſer, les exercer, &c.

Formation du corps des Inſpecteurs, &c.

I.

Les Inſpecteurs & les Sous-Inſpecteurs des Haras, ſeront dorénavant choiſis, non-ſeulement parmi les perſonnes vivant noblement, ou parmi les Officiers de Cavalerie, mais encore parmi les perſonnes inſtruites. Voyez Chapitre II, page 28.

I I.

Les Inſpecteurs-généraux ſeront tirés du corps des Inſpecteurs, & choiſis, non par rang d'ancienneté, mais parmi ceux qui ſeront reconnus avoir le plus de zèle, & le plus de lumières pour leur état.

I I I.

Nul ne pourra devenir Inſpecteur, s'y avec les qualités exigées par l'article premier, il n'a ſubi un examen rigoureux ſur toutes les connoiſſances relatives à l'hippiatrique & à la manutention des Haras. Et ce ſera celui qui aura été jugé le plus capable parmi les concurrens qui ſera préféré. Les Sous-Inſpecteurs-Ecuyers, pourront prétendre aux inſpections, & à mérite égal avec les autres concurrens, ils auront la préférence.

OBSERVATIONS.

L'on ne peut employer des moyens plus certains pour être aſſurés de leur capacité, qu'en les ſoumettant à un examen fait par ce qu'il y aura néceſſairement de plus inſtruit & de plus zélé pour le bien. Voyez ce qui en a été dit, Chapitre II, p. 29.

I V.

Les Sous-Inſpecteurs-Ecuyers pourront être

reçus sans être obligés de venir au concours. Les administrations provinciales présenteront deux sujets au directoire général qui les mettra sous les yeux de sa Majesté, qui choisira celui qu'elle jugera à propos.

OBSERVATIONS.

Il est essentiel cependant qu'ils soient hommes de cheval, & sur-tout qu'ils aient les qualités physiques & morales convenables à l'Ecuyer, qui est le véritable instituteur du cheval (1).

Rangs & prérogatives des Officiers des Haras.

I.

Le Commissaire & les Inspecteurs-Généraux, auront rang de Major de Cavalerie, & au bout de dix années de service, rang de Lieutenant-Colonel; ils auront rang de Mestre de Camp, au bout de quinze ans de service, d'Inspecteurs-Généraux.

OBSERVATIONS.

Comme tous ces Officiers continueront leurs services à l'Etat, & qu'ils le serviront très-avantageuse-

(1) *Voyez* dans le Dictionnaire de Médecine de l'Encyclopédie Méthodique, le mot *Ecuyer*.

ment, il sera à propos de leur donner, dans la suite, ces grades supérieurs à celui qu'ils auroient eu en quittant le service. Le motif d'une ambition louable se joindroit ainsi à celui d'un intérêt que l'on ne sauroit blâmer dans de dignes sujets, pour faire rechercher des places qui, en augmentant les récompenses, dans la main du Souverain, diminueroient les charges de l'Etat de toutes les pensions qu'auroient ces Officiers à qui ces places en tiendroient lieu.

I I.

Les Inspecteurs qui auront six ans de service d'Officier dans les troupes, auront alors rang de Capitaine de Cavalerie, & rang de Major au bout de quinze ans de service d'Inspecteur. Ceux qui n'auront point été Officier, n'auront que rang de Lieutenant; rang de Capitaine au bout de dix ans, & de Major au bout de vingt.

I I I.

Les *Sous*-Inspecteurs-Ecuyers qui auront été Officiers, conserveront leur grade, & au bout de quinze années de service ils auront rang de Capitaine. Quant à ceux qui n'auront point été Officiers, ils n'auront que rang de Sous-Lieutenant; au bout de huit, rang de Lieutenant, & celui de Capitaine après quinze ans.

Uniforme.

L'habit sera de drap gris brochet, doublé de casimir blanc, parement, revers & colet de velours raz, verd pomme, veste & culote de drap blanc. Deux rangées de petits boutons sur la veste. Le bouton sera d'argent, représentant un cheval, portant sur une housse trois fleurs de lis, & pour devise ces mots : *pace & Bello æque utiles.* L'épaulette & la dragone seront d'argent, & analogues au grade.

Appointemens.

I.

Le Commissaire & les Inspecteurs - Généraux auront chacun par an, la somme de douze mille livres, ci. . . . . 12,000 liv.

OBSERVATIONS.

Il est peu de sujets en qui l'amour de la patrie soit assez fort pour contribuer au bien de l'Etat & de sa fortune, & de ses services. Ainsi il faut des appointemens qui donnent de quoi vivre. D'ailleurs, il est de maxime que pour être bien servi, il faut bien payer, & l'expérience apprend que l'épargne que l'on croit faire en diminuant les salaires, se change en un vice d'administration. Douze mille livres d'appointemens ne sont pas trop pour des Insteurs-Généraux, gens à talents, obligés de se défrayer de leurs voyages.

I I.

Les Inſpecteurs auront chacun la ſomme de quatre mille livres, ci. . . . . . . 4,000 liv.

I I I.

Les Sous-Inſpecteurs-Ecuyers auront la ſomme de deux mille livres, ci. . . . . 2,000 liv.

Je ne parle point des réglemens néceſſaires pour les Haras, parce que cela me jetteroit trop loin; je réſerve ce travail pour l'adminiſtration à qui je l'offrirai, ſi elle le déſire. Il en eſt de même de celui qui eſt relatif à la bonne manutention. J'obſerverai ſeulement que pour la perfection & le bien des chevaux, il ſeroit à déſirer que le gouvernement fit faire un *Manuel d'écurie* à l'uſage des nourriciers de chevaux, dans lequel on enſeigneroit les ſoins que l'on doit avoir des cavales depuis l'inſtant qu'elles ont été fecondées, juſqu'à celui, où ayant donné & nourri leurs poulains, elles ſont en état d'en redonner de nouveaux. Les ſoins que les poulains exigent, & la manière de les gouverner depuis le moment de leur naiſſance juſqu'à celui où ils ſont livrés au ſervice de l'homme. Enfin ce Manuel contiendroit les remèdes les plus ſimples pour les maladies les plus connues, &c.

CHAPITRE IX.

Dépenses.

AYANT montré l'avantage qui résulteroit du plan que je propose, il me reste à faire voir que les dépenses seront peu onéreuses. Prenons pour exemple une province, celle du Dauphiné, & supposons que trente Etalons lui suffisent dans le commencement.

Nourriture, soins & entretien de trente Etalons à 600 liv. par an chacun, y compris les gages des palefreniers, font la somme de . . 18,000 liv.

Frais de transport des Etalons dans leurs placemens, dépense extraordinaire de leurs conducteurs, loyer des Ecuries, &c. pendant le temps de la monte, à raison de 200 livres par Etalon, tout compris dans cette dépense, ci. 6,000

Quatre prix pour les plus beaux poulains, à 200 liv. chacun, font, ci . 800

Deux prix pour les courses, à 1,200 liv. chacun, ci. 2,400

Total des dépenses annuelles, ci. . 27,200 liv.

Or, je le demande, cette ſomme eſt-elle trop forte, repartie dans une province auſſi conſidérable. La taxe ſeule ſur les chevaux la completteroit. Dans la haute Guienne, les fonds que fait la province pour l'entretien de ſes Etalons, ſont de 18,000 liv., & dans beaucoup d'autres endroits cette ſomme ſurpaſſe. Aſſurément on n'y entretient pas trente chevaux entiers, & on ne donne aucun prix.

Je ne porte point en ligne de compte la dépenſe de leur logement, parce que cet objet eſt ſtable & fixe, & que ce qui eſt d'une utilité auſſi grande, doit être ſupporté par la Capitale de la province. Il en eſt de cet édifice, comme d'une ſalle de ſpectacle, utile à tous les citoyens, & même plus avantageux, diſons-le; puiſque l'abondance des beaux chevaux donne de la facilité à s'en procurer, & qu'alors chacun peut jouir de l'exercice de l'équitation, exercice qui donne une nouvelle énergie à l'ame, fortifie le corps, & fourniſſant à la nature, les moyens de vaincre les obſtacles qu'elle a à combattre, entretient la ſanté. Il n'eſt point d'exercice plus propre à ranimer les plus foibles conſtitutions, tant de l'un que de l'autre ſexe; c'eſt le ſeul délaſſement ſans moleſſe; le ſeul qui donne un plaiſir agréable & même vif, ſans langueur & ſans ſatiété; & ſi c'eſt jouir de ſon exiſtence que de monter & exercer un cheval, c'eſt la doubler que d'en monter un noble & brillant.

L'achat des Etalons eſt une dépenſe auſſi utile, auſſi lucrative aux provinces, que la confection d'une grande route, que la conſtruction d'un canal. Ce ſont des avances que l'on fait pour en tirer dans la ſuite une valeur centuple. C'eſt une amélioration, un aggrandiſſement dans l'eſpèce des chevaux, conſéquemment dans les productions territoriales.

L'achat de trente Etalons à cent louis l'un dans l'autre, ſe monte à 72,000 liv. la répartition de ſix deniers par livre, que j'ai demandé qu'on impoſât ſur les taillables, fournira aiſément, chaque année, vingt ou vingt-cinq milles livres, ainſi au bout de trois ans la ſomme ſera parfaite, & ſuppoſé qu'on ne voulut faire l'achat qu'en pluſieurs années, pour que l'impoſition fut imperceptible, il ſuffiroit d'acheter, chaque année, ſix ou huit Etalons. Il reſte encore le produit de l'impôt ſur les chevaux étrangers, dont on pourroit s'aider pour cet achat: mais comme il eſt à ſouhaiter que cet impôt devienne nul, je ne le porte point en recette annuelle, je le laiſſe pour les frais extraordinaires de régie.

Quant aux appointemens des Inſpecteurs, les frais en ſont fait par le Gouvernement, il n'y a que ceux des Inſpecteurs-Généraux & des Ecuyersſous-Inſpecteurs, qu'il faut trouver ; ceux des premiers, doivent être également payés par le Gouvernement, & pris ſur la caiſſe des Haras qui eſt ſuffiſante pour cet objet. Les provinces feront les fonds de ceux des Sous-Inſpecteurs-Ecuyers, & ils ſeront pris ſur le produit de la taxe que j'ai demandé, qu'on mit ſur chaque cheval & mulet. Cette taxe produira, dans chaque province, bien au-delà du montant des appointemens.

Frais du Haras fixe.

Les dépenſes pour le Haras fixe, conſiſtent dans l'achat des jumens, le loyer des pâturages, les gages des palefreniers & gardiens des parcs où ſont les jumens & les poulains, les frais des hangards, brouettes, charrettes néceſſaires au tranſport des fumiers ; tous petits objets qu'il ſeroit facile d'évaluer en détail, mais ce qui ſeroit trop minutieux de faire. Ainſi ſuppoſons cinquante jumens, ſervies par les vingt plus beaux Etalons de la province, faiſons le calcul de la population, en ſuivant exactement les races & les réſultats, & nous verrons qu'on trouvera, dans le produit même du Haras, les fonds néceſſaires pour rembourſer le capital de l'achat des jumens & des autres frais, & ceux néceſſaires au remplacement des Etalons & des jumens. Suppoſons un terme de dix ans, parce que dans tout calcul il faut un terme donné, & que celui de dix ans, quoique court, eſt ſuffiſant pour garnir la province & former même, s'il en étoit beſoin, un nouvel Haras.

1790. Vingt Etalons employés au ſervice des jumens; & leur productions évaluées au plus bas; en conſéquence on ſuppoſe que chacun en donne ſeulement douze par an, avec les jumens publiques, & une avec les jumens du Haras fixe.

En multipliant 20 par 12, on aura 240 productions; dans 240 la moitié ſera mâle, l'autre femelle. L'expérience ayant prouvé que le nombre des ſexes étoit à-peu-près au pair dans les naiſſances. On aura donc 120 poulains & 120 pouliches.

Mais je ſuppoſe un tiers de perte de ces mêmes productions, il ne reſtera donc que 80 mâles & 80 femelles.

De ces 80 mâles parvenus à l'âge de cinq ans, on n'en compte qu'un cinquième qui mérite de ſervir à titre d'Etalons. Le cinquième de 80 eſt 16.

1795. Ce qui fera dès-lors 16 Etalons de bonne race dans la province; ainſi il y aura, dans la ſixième année de ce travail, un nombe de 80 Etalons.

Diminuons en quatre par an, attendu la perte des premiers chevaux donnés, & même encore de ceux qu'ils auront produits, il reſtera, pour total d'Etalons qu'on aura pu choiſir dans les poulains iſſus des jumens, appartenant aux particuliers, 60 Etalons. Si l'on pouſſe ce calcul juſqu'à la dixième année, en arbitrant la ſuppreſſion de quatre par année, des 20 premières têtes achetées par la province, qui ont fait gratuitement le ſervice, on aura, la dixième année, 100 Etalons.

Quant à la population des pouliches, chaque année en donnant 80, on auroit 400, en 1795, & au bout de dix ans 800. Reſte à calculer le commun des poulains. En 1791 on avoit 80 mâles, 16 ont été pris pour Etalons; il en reſte donc 64. Or, 64 fois 5 font 320: ainſi, au bout de cinq années, on aura . . . . 60 Etalons,

320 poulains,

400 pouliches.

Total . . . . 780.

Et ſi l'on arbitrait les productions à 18 au lieu de 12, comme je l'ai fait, on auroit en communes productions, au bout de cinq ans, 1,200.

De plus, 60 Etalons donneront, chaque année, en leur ſuppoſant douze productions par tête, 720 poulains ou pouliches: ce qui produira, au bout de dix ans, un nombre de 7,200 qui ſera répandu dans la province; & ſi l'on arbitrait à 18, ils en produiroient par an 1,080, ce qui feroit, la dixième

dixième année, 10,800 productions, tant de l'une que de l'autre espèce. Or, je demande maintenant, si cette quantité de chevaux que la province auroit acquis, & sur-tout de chevaux de la bonne espèce, ne la dédommageroit pas de ses avances faites pour se les procurer. Supposez seulement une augmentation de 50 livres dans le prix de chaque cheval, voilà un accroissement de 350 ou de 550,000 livres dans le produit de dix années.

Jettons un coup-d'œil à présent sur le résultat des 50 jumens étrangères renfermées dans le Haras de la province, & couvertes par les 20 Etalons.

Elles donneront 50 poulains, dont la moitié mâle & l'autre femelle. Mais je suppose un tiers de perte; il restera 34, dont 17 poulains & autant de pouliches. Comme elles ne porteront que tous les deux ans, au bout de la sixième année il y aura 86 productions, dont 43 mâles & 43 femelles.

La sixième année, les 17 pouliches venues les premières au monde, donneront 17 poulains. En donnant un tiers de perte reste douze. La huitième année les 17 autres pouliches fourniront également leurs 12 poulains. Ainsi, l'on aura 46 pouliches issues dans les premiers cinq ans, les 6 pouliches, nées dans la septième, & les 6 produites dans la huitième; ce qui fera un total de 58 femelles, dont 34, déjà poulinières; & si l'on pousse le calcul jusqu'à dix ans, le Haras se trouvera garni de 160 jumens, (sans compter les 50 premières) dont 96 seront en état de produire.

Au bout de 5 ans, il y aura 43 mâles : la sixième année, il faut y ajouter 6, moitié des 12 poulains produits par les 17 pouliches ; la septième année, le même nombre est encore à ajouter ; ainsi l'on aura 55 mâles, dont 17 seront en état de servir d'Etalons. La huitième année on aura 78 mâles, dont 34 Etalons, enfin, la dixième année, le Haras aura vu naître 160 chevaux, dont 50 pourront déjà être employés à saillir.

Ainsi, au bout de dix ans, il y aura en tout, provenus du Haras, 320 têtes, dont

Total. 320.	17 mâles, 17 femelles,	âgés de 9 ans, nés en 1791.
	17 mâles, 17 femelles,	âgés de 7 ans, nés en 1793.
	17 mâles, 17 femelles,	âgés de 5 ans, nés en 1795.
	6 poulains, 6 pouliches,	âgés de 4 ans, nés en 1796.
	23 poulains, 23 pouliches,	âgés de 3 ans, nés en 1797.
	12 poulains, 12 pouliches,	âgés de 2 ans, nés en 1798.
	36 poulains, 36 pouliches,	âgés d'un an, nés en 1799.
	32 poulains, 32 pouliches.	qui viennent de naître, en 1800

Evaluons au plus bas prix, ces productions qui seront de la plus belle espèce.

Les 34 mâles & femelles, âgés de 9 ans, à 40 louis d'or l'un dans l'autre, fait, ci . .	1,360 louis.
les 34, âgés de 7 ans, à 50 louis, ci .	1,700
les 34, âgés de 5 ans, à 40 louis, ci .	1,360
les 12, âgés de 4 ans, à 30 louis, ci .	360
les 46, âgés de 3 ans, à 20 louis, ci .	920
les 24, âgés de 2 ans, à 15 louis, ci .	360
les 72, âgés d'un an, à 10 louis, ci .	720
les 64, qui tetent, ou qui sont au sevrage, 5 louis, ci	320
Total.	6,100 louis.

qui font la somme de 146,400 livres: or, supposons que les 50 jumens aient coûté chacune, l'une dans l'autre, 800 liv.; la somme d'achat

monte à	40,000 liv.
Supposons le loyer du parc, à raison de 6 mille livres par an; pour dix ans, fait	60,000
Pour fourrages & autres nourritures d'hiver, à 2,000 liv.	20,000
Pour autres menus frais, mettons la somme de	15,000
Le tout monte à	135,000 liv.

Otons cette somme de celle de 146,400 liv. Il restera la somme de 11,400 liv. de bénéfice, outre celui de la valeur des 50 premières jumens que je n'ai point comprises par le calcul. Comme je n'ai arbitré les productions qu'en supposant toujours un tiers de perte, qu'il est possible qu'elle soit moindre; on voit que le profit est bien plus considérable; mais j'ai voulu le fixer au plus bas, & porter les dépenses au plus haut, pour rendre mon hypothèse plus sensible. Dans mon évaluation, les chevaux ne sont, l'un dans l'autre, qu'à raison de 307 liv. 5 sols. Quelle modicité pour des productions de *races pures!* & ne resteroit-t-il aucun bénéfice à la province; n'aura-t-elle pas fait une excellente spéculation dans l'établissement de ce Haras, en se fournissant d'espèces d'une qualité supérieure, & en gardant, dans ses mains, une somme qu'elle auroit dû donner à l'étranger. Dans dix ans, la France trouveroit, dans ses établissemens, un fonds inépuisable de chevaux, & le Gouvernement, assuré de ces ressources, ne seroit point embarrassé pour réparer les pertes que la plus longue guerre causeroit, parce que, quelque longue qu'on la suppose, elle ne pourroit jamais épuiser ces établissemens, au lieu que dans l'état actuel, tout est enlevé dans la premiere campagne, & par-là nos Haras se détruisent eux-mêmes.

F I N.

EXTRAIT

Des Registres du Musée de Paris, du 3 Juin 1789.

Nous avons été chargés par le Musée, M. Simon, D. M. & moi, de lui rendre compte d'un Ouvrage de M. le Chevalier *De la Font-Pouloti*, Membre de plusieurs Académies ; ayant pour titre : *De la Régénération des Haras, ou Mémoire contenant le développement du vice radical du régime actuel, & un plan pour propager & perfectionner la race des chevaux en France.*

Dans ce Mémoire fait pour servir de développement à un Ouvrage plus considérable, publié en 1787, par l'Auteur, sur le même sujet, & qui a reçu un accueil distingué, M. le Chevalier *De la Font-Pouloti* expose, avec force, les abus qui résultent du régime actuel de nos Haras, & les moyens d'y remédier. Il fait voir combien il seroit essentiel qu'une branche aussi importante du commerce national fut prise en considération par les Etats-Généraux ; combien la France a sur ses voisins d'avantages réels, pour se livrer à l'éducation des chevaux, & combien enfin il lui importe de retenir & de faire refluer sur l'agriculture les ſommes immenſes qu'elle exporte annuellement pour l'achat des chevaux étrangers.

Nous penſons que cet ouvrage fait infiniment d'honneur aux ſentimens patriotiques de l'Auteur, & qu'il mérite l'approbation du Muſée.

SIMON, D. M. HUZARD, *Vétérinaire.*

Je certifie le préſent extrait conforme à l'original dépoſé dans les Regiſtres du Muſée, le 3 Juin 1789.

PONCE, *Secrétaire.*

TABLE
DES MATIERES.

CHAPITRE III.

CHAPITRE IV.

CHAPITRE V.

CHAPITRE VI.

CHAPITRE VII.

CHAPITRE VIII.

CHAPITRE IX.

Fin de la Table des Matières.

ERRATA.

A l'épigraphe latine du titre, au lieu de *patricæ*, lisez *patriæ*.

Pag. 25 *lig.* 7 . . . . . . Simple, *lisez* simples.

Pag. 37 . . . 11 . . . . . Pensées, *lisez* pansées.

Idem. . . . . . . 14 . . . . . Haras fixe, *lisez* Haras fixes.

Idem. . . . . . . 16 . . . . . Attendront, *lisez* atteindront.

Pag. 38 . . . 12 . . . . . Marqués, *lisez* marquées.

Idem. . . . . . . 16 . . . . . Acquerrera, *lisez* acquerra.

Pag. 47 . . . . 22 . . . . . Errangers, *lisez* étrangers.

Pag. 52, article 3, *lig.* 2, à tête, *lisez* à la tête.

Pag. 53, *lig.* 13, pensés, *lisez* pansés.

Pag. 54 . . . . . 6, s'y, *lisez* si.

www.ingramcontent.com/pod-product-compliance
Ingram Content Group UK Ltd.
Pitfield, Milton Keynes, MK11 3LW, UK
UKHW022106170726
13837UKWH00003B/1098